RHEINISCH WESTFÄLISCHE AKADEMIE DER WISSENSCHAFTEN

Rheinisch-Westfälische Akademie der Wissenschaften

Geisteswissenschaften                                    Vorträge · G 192

Herausgegeben von der
Rheinisch-Westfälischen Akademie der Wissenschaften

23. Jahresfeier am 30. Mai 1973

THEODOR SCHIEDER

Probleme einer europäischen Geschichte

Westdeutscher Verlag · Opladen

23. Jahresfeier am 30. Mai 1973 in Düsseldorf

ISBN 978-3-531-07192-3       ISBN 978-3-322-86140-5 (eBook)
DOI 10.1007/978-3-322-86140-5

# Inhalt

# Begrüßungsansprache

Von *Bernhard Kötting*, Münster (Westf.)

Es ist für die Mitglieder der Rheinisch-Westfälischen Akademie eine Freude, bei der Jahresfeier viele Freunde und Gäste begrüßen zu können, die an ihrer Arbeit und an ihrer Entwicklung Anteil nehmen. Die Beziehungen einer Akademie sind vielfältiger Natur; sie gehen zum Staat, ohne dessen Hilfe sie nicht leben kann, sie gehen zu den ihr in der Zielsetzung gleichgeordneten und befreundeten wissenschaftlichen Institutionen wie Akademien, Forschungsinstituten, Universitäten und Hochschulen, die durch vielfältige Anregungen die geistige Richtung und Leistung der Akademie mit beeinflussen; diese Beziehungen gehen auch zu den Repräsentanten anderer Staaten und den Vertretern vieler kommunaler und freier gesellschaftlicher Einrichtungen, an deren Echo auf unsere Arbeit uns sehr gelegen ist.

Deshalb möchte ich bei der Begrüßung im einzelnen nach astronomischer Methode vorgehen und aus jedem der anwesenden Sonnensysteme nur einige Fixsterne nennen, wobei sich dann alle zugehörigen Planeten mit angesprochen sehen mögen.

So begrüße ich zunächst als den Vertreter der Landesregierung Herrn Staatssekretär *Nelles* und als Mitglied des Kuratoriums Herrn Ludwig *Rosenberg*. Wir freuen uns immer, heute aber besonders, über das Erscheinen von Mitgliedern des Landtages sowie des Bundestages.

Daß die befreundeten Akademien zur Jahresfeier ihrer jüngsten Schwester erschienen sind, ehrt uns. Es weilen unter uns Herr Präsident *Zimmerli*, Göttingen, zur Zeit Vorsitzender der Konferenz der Akademien in der Bundesrepublik, Herr Präsident *Bredt*, Mainz, Herr Professor *Wandruska* als Vertreter des Präsidenten der Österreichischen Akademie und Herr Kollege *von Einem* in Vertretung des Präsidenten der Bayerischen Akademie.

Die Vertreter ausländischer Staaten heiße ich herzlich willkommen; es sind die Herren Generalkonsuln der Länder *Frankreich, Griechenland, Italien* und der *Schweiz*.

Die enge Verbundenheit der Akademien mit den Universitäten und Hochschulen des Landes Nordrhein-Westfalen und der ganzen Bundesrepublik manifestiert sich erfreulicherweise in der Anwesenheit vieler Rektoren und Kanzler, von denen ich in dieser Begrüßung nur zwei nennen möchte, den Präsidenten der Westdeutschen Rektorenkonfernz, Herrn Kollegen *Röllecke* aus Mannheim, und den Vorsitzenden der Landesrektorenkonferenz, Herrn Kollegen *Knopp* aus Münster.

Alle anwesenden Vertreter staatlicher, kommunaler und sonstiger Organisationen mögen mir verzeihen, daß ich sie nicht namentlich erwähne.

Zuletzt begrüße ich nun den Redner des heutigen Tages, unser Mitglied Herrn Kollegen Theodor *Schieder* aus Köln. Sein Name und das Thema seines Vortrages werden vielleicht manchen der Anwesenden bewogen haben, heute zu uns zu kommen. Für seine Bereitschaft zur Übernahme des Festvortrages danke ich ihm herzlich.


Die Rheinisch-Westfälische Akademie hat im Berichtsjahr zwei ihrer ordentlichen Mitglieder durch Tod verloren. Am 17. Juli des vergangenen Jahres verschied im Alter von 84 Jahren das Mitglied der Klasse für Natur-, Ingenieur- und Wirtschaftswissenschaften, Kollege Oskar *Löbl* (Essen), am 14. August 1972 das Mitglied der Klasse für Geisteswissenschaften, Kollege Theodor *Wessels* (Köln) im Alter von 70 Jahren. Das Wirken beider Kollegen ist in den jeweiligen Klassen gewürdigt worden; die Akademie wird beide verstorbenen Mitglieder in ehrenvoller Erinnerung behalten.

Die Klasse für Geisteswissenschaften hat im letzten Jahr vier ordentliche Mitglieder in ihren Kreis aufgenommen: die Kollegen *Flume* (Bonn), *Hegel* (Bonn), *Seiler* (Köln), *Schott* (Münster), sowie als korrespondierendes Mitglied Herrn Kollegen Gershom *Scholem* (Jerusalem). So zählt die Akademie im Augenblick 113 ordentliche und 21 korrespondierende Mitglieder.

Im letzten Jahr ist an zwei Stellen durch Beschluß der Vollversammlung unsere Satzung neu gefaßt worden. Der erste Punkt änderte den Modus der Zuwahl neuer Mitglieder, die zweite Änderung bezog sich auf die Beschlußfähigkeit der Vollversammlung der Akademie bei der Wahl des Präsidenten und des Geschäftsführenden Präsidialmitgliedes.

Wer darauf angewiesen ist, daß seine Arbeiten von öffentlicher oder von privater Seite finanziell getragen werden, muß Rechenschaft geben über die erbrachte Leistung; er muß sich in das rechte Licht rücken, damit die Interessierten ihn fotografieren können und damit so das Bild nicht zu hell und nicht zu dunkel wird. Bei Berücksichtigung der Arbeiten in der Arbeitsgemeinschaft für Forschung, der legitimen Vorgängerin der Akademie, hat die Klasse für Geisteswissenschaften bis jetzt 185 Hefte herausgebracht, die in 30 Sammelbänden zusammengefaßt sind, die Klasse für Natur-, Ingenieurund Wirtschaftswissenschaften 224 Hefte, die 37 Sammelbände füllen. Dazu kommen bis jetzt 49 Abhandlungen und 4 Bände in der Sonderreihe „Papyrologica Coloniensia". Zur Zeit steht unsere Akademie mit 86 Institutionen im In- und Ausland im wissenschaftlichen Tauschverkehr.

Die Akademien der Wissenschaften im Bundesgebiet arbeiten nicht in ganz gleicher Weise. Der öffentliche Vortrag mit anschließender Diskussion nimmt in unserer Akademie einen relativ breiten Raum ein. Wir wollen keine eigenen, nur von uns getragenen Forschungseinrichtungen unterhalten; das erwächst aus unserer Aufgabenstellung, die im Gründungsgesetz niedergelegt ist. Wir sind der Meinung, daß Institute, die sich dauernd mit engen, sektoralen, für die menschliche Gesellschaft gewiß notwendigen Forschungen befassen, in der heutigen Zeit für eine Akademie ein solches Selektionsverfahren in Gang setzen würden, daß die uns ebenso wichtig erscheinende Aufgabe gehemmt werden könnte. Wir möchten sie vor allem darin sehen, die divergierenden Richtungen in der Forschung miteinander ins Gespräch zu bringen und die nicht mehr überblickbaren Einzelergebnisse anderen Forschern und Kollegen und einer breiteren, aufnahmewilligen Öffentlichkeit vorzustellen. Die Schwierigkeiten, die mit der Erfüllung einer solchen Zielsetzung gegeben sind, treten auch bei uns zutage. Die große Spezialisierung der Forschung setzt beim Diskussionsteilnehmer eine fachliche Nähe oder eine gründliche Vorbereitung voraus; das gilt besonders für die Geisteswissenschaftliche Klasse, während in der anderen Klasse Forschungsergebnisse fast nur noch in einer fachgebundenen Sondersprache aussagbar zu sein scheinen, einer Sprache, die vielleicht noch für einen größeren Kreis verstehbar, aber für viele, auch Interessierte, nicht mehr als Disputationsinstrument zuhanden ist. Deshalb sollte diese wichtige Aufgabe unserer Akademie, nämlich des geistigen Gedankenaustausches untereinander und der Kommunikation mit der aufnahmewilligen Öffentlichkeit, deutlich erfaßt und in erneutem Anlauf der Verwirklichung nähergebracht werden, nämlich die Einheit dieser polaren Gegensätze zu versuchen: Heranbringung der Forschungsergebnisse und Bemühung um die Aussagbarkeit, damit Mitglieder der Akademie und ihre Gäste davon Gewinn haben, gegenseitig geistig befruchtend wirken und eine Ahnung gewinnen von der aller Detailforschung zugrundeliegenden Einheit aller wissenschaftlichen Erkenntnis.

Der mit der Spezialisierung fast zwangsläufig sich einstellenden Divergenz der Einzelwissenschaften haben die Akademien entgegenzuwirken. Man darf in analoger Form einen Grundsatz der alten Ethik und Tugendlehre auf diese Zielsetzung einer Akademie anwenden. Wie es in der Tugendlehre gefordert wurde, daß nur das gleichzeitige Bemühen um die vier Grundtugenden, der Klugheit, der Gerechtigkeit, der Tapferkeit und der Mäßigung, zum harmonischen Gesamtcharakter führen könne, daß dagegen die Überbetonung der einen und die Vernachlässigung der anderen Tugend Unausgeglichenheit

und eine für das Ganze beklagenswerte Einseitigkeit bringe, so haben auch
die Akademien als regulative Kraft der Integration dafür einzutreten, daß
die Expansion der Wissenschaften in der gegenläufigen Bewegung der Kon-
zentration und Integration eine sinnvolle und notwendige Komplementie-
rung finde. In der klaren – zwar nicht sehr neuen, aber immer wieder bewußt-
zumachenden – Erkenntnis dieses Sachverhaltes sehen wir eine Hauptauf-
gabe unserer Akademie darin, nach Möglichkeit alle wissenschaftlichen Disziplinen zu einem Gesprächs- und Diskussionsforum zusammenzuführen, und
wir wünschen, daß daran möglichst viele Repräsentanten der Legislative und
Exekutive unseres Landes teilnehmen, damit dadurch schon ein Teil der uns
durch das Gesetz auferlegten Aufgabe, nämlich die Landesregierung in wissenschaftlichen Fragen zu beraten, erfüllt werden kann.

Da wir durch eben dieses Gesetz bei der Berufung neuer Mitglieder gehalten sind, die Grenzen des Landes Nordrhein-Westfalen zu beachten – übri-
gens sehr sinnvoll bei der großen Zahl der Universitäten, Hochschulen und
sonstigen wissenschaftlichen Institutionen –, suchen wir verständlicherweise
den engen wissenschaftlichen Kontakt mit den vier anderen Akademien der
Bundesrepublik, mit denen wir uns in der Zielsetzung einig wissen. Einsicht
in die Notwendigkeit gemeinsamer Planung bei der Erfüllung wissenschaftlicher Aufgaben hat den Anstoß dazu gegeben, daß die fünf Akademien der
Bundesrepublik vor einer Woche ein Abkommen unterzeichnet haben, durch
das sie sich – bei Wahrung der Selbständigkeit und der individuellen Eigen-
art jeder einzelnen Akademie – zu einer Konferenz mit gemeinsamer Zielsetzung zusammengeschlossen haben. Sinn und Ziel dieser neuen Akademien-
Gemeinschaft ist dabei folgendermaßen umschrieben: „Die Konferenz der
Akademien betreut die Durchführung gemeinsamer Forschungsvorhaben und
koordiniert die wissenschaftlichen Unternehmen und Planungen ihrer Mitglieder. Sie empfiehlt die Bildung von Schwerpunkten für verwandte Pro-
jekte, fördert Kolloquien und Symposien und kommuniziert in ihren An-
gelegenheiten mit Forschungseinrichtungen des In- und Auslandes. Im Rahmen ihrer Zuständigkeit vertritt die Konferenz die in ihr zusammengeschlos-
senen Akademien im In- und Ausland.“ Zur Durchführung dieser Aufgaben
bildet die Konferenz ein Präsidium, das aus den jeweiligen Präsidenten besteht, und einen Senat, zu dem außer den Mitgliedern des Präsidiums je zwei
Mitglieder der einzelnen Akademien gehören, die auf die Dauer von fünf
Jahren in den Senat entsandt werden. Die damit besonders genannte Aufgabe der Veranstaltung von gemeinsamen wissenschaftlichen Symposien
unter Hinzuziehung auch ausländischer Gelehrter soll erreichen, daß das bisher mögliche Nebeneinander der einzelnen Akademien rechtzeitig in ein
Miteinander übergeleitet wird. Namentlich die Geisteswissenschaften können

sich hierbei die von manchen naturwissenschaftlichen Disziplinen schon gewonnenen Erfahrungen zunutze machen.

Eine direkte Auswirkung könnte diese Entscheidung der fünf Akademien zur Kooperation auf die Finanzierung der wissenschaftlichen Vorhaben der Akademien erlangen, insofern nämlich, als die überregional bedeutsamen Forschungsunternehmen der Akademien in die Gemeinschaftsfinanzierung von Bund und Ländern einbezogen werden können. Die Pflege langfristiger wissenschaftlicher Editionen z. B. gehört zu den traditionellen wesentlichen Aufgaben der Akademien. So sieht auch das Gesetz vom 16. Juli 1969, durch das unsere Akademie gegründet wurde, vor, daß die Rheinisch-Westfälische Akademie wissenschaftliche Gemeinschaftswerke herausgeben und die dazu notwendigen Vorarbeiten fördern kann. Zur Zeit sind dies die Herausgabe der Werke Hegels sowie die Herausgabe und Kommentierung von Papyri, wobei die Akademie diese Aufgaben in enger Zusammenarbeit mit dem Hegel-Archiv der Universität Bochum bzw. der Papyrus-Abteilung der Universität zu Köln durchführt. Mit der Einbeziehung dieser Aufgaben, deren Finanzierung gegenwärtig allein aus Mitteln des Landes Nordrhein-Westfalen erfolgt, in eine Gemeinschaftsförderung gemäß Artikel 91 b des Grundgesetzes würde sowohl für das Land wie für die Akademie ein Vorteil gegeben sein; der Finanzminister des Landes würde sich entlastet fühlen durch die Beteiligung des Bundes, der Akademie würde durch die Gewährleistung einer stärkeren Kontinuität größere Sicherheit bei der langfristigen Durchführung ihrer Aufgaben gegeben. Alle Akademien haben es deshalb dankbar begrüßt, daß inzwischen die Länder bei den Beratungen in den Ausschüssen dem Bund gegenüber den Antrag gestellt haben, bedeutsame Forschungsvorhaben der Akademien in Zukunft gemeinsam im Rahmen eines Programms der Akademien zu fördern. Intentionen der Wissenschaftsverwaltung der Länder und Einsicht über die notwendige Kooperation der Akademien begegnen sich hier und reichen sich die Hände.
Wenn ich so von einer möglichen Entlastung des Landes bei der Bereitstellung der Mittel für die Aufgaben der Akademie spreche, so soll darin nicht eine versteckte Andeutung liegen, als ob die Regierung unseres Landes uns bisher sehr kurz gehalten hätte. Diese Andeutung soll vielmehr ein Wort des Dankes sein für die Großzügigkeit der Landesregierung in der Bereitstellung der Mittel, dem ich nicht das gewohnte „aber es muß noch erheblich mehr getan werden" anfügen möchte. Besonders empfinde ich es als erwähnens- und dankenswert, daß der Minister für Wissenschaft und Forschung die Aufbringung eigener Mittel für die Hegel-Ausgabe und die Papyrus-Forschung im Rahmen des Zuschusses für die Akademie als notwendig erachtet. Mit diesen beiden Unternehmen erfüllt unsere Akademie sicher die

Erfordernisse der Langfristigkeit und der Bedeutung für die internationale
Forschung. In ähnlicher Weise möchte ich danken für die Bemühungen, diese
großen Aufgaben in die obenerwähnte Gemeinschaftsfinanzierung zwischen
dem Bund und den Ländern einzubringen. Möge dabei Erfolg beschieden sein.
Das wünsche ich der Landesregierung sowie uns und allen anderen Akademien der Bundesrepublik.

# Probleme einer europäischen Geschichte

Von *Theodor Schieder*, Köln

*Ulrich Scheuner zum 70. Geburtstag*

Von dem englischen Historiker Christopher Dawson stammt das Wort, daß europäische Geschichte immer ein vernachlässigtes Thema gewesen sei [1]. Dies erweist sich als zutreffend, nicht wenn man die Gegenwartsliteratur, aber wenn man die Liste der großen Werke der älteren europäischen Geschichtsschreibung daraufhin durchsieht. In ihr dominieren drei Themenkreise: Weltgeschichte, Nationalgeschichte und Epochengeschichte. Zwischen weltgeschichtlichen und nationalgeschichtlichen Darstellungen klafft eine Kluft, die nicht oder nur äußerst selten durch Darstellungen der europäischen Geschichte als eines Ganzen ausgefüllt wird. Wohl muß einschränkend gesagt werden, daß das, was in der Vergangenheit unter Weltgeschichte verstanden wurde, in der Regel die Zusammenfassung der europäischen Geschichte mit ihren antiken Vorläufern, nach Hans Freyer die „Weltgeschichte Europas", gewesen ist: Was man bis dahin unter der Darstellung der Geschichte der Welt verstand, ist sowohl im politischen wie im theologischen und philosophischen Sinne abendländisch-europäische Geschichte. Dies trifft ebenso auf die mittelalterliche Geschichtsschreibung wie auf neuere Geschichtsphilosophen wie Kant, Hegel, Schelling, Marx zu. Die Auffassung, daß man von Weltgeschichte erst sprechen könne, wenn sie die Geschichte aller Kulturen und Erdräume einbezieht, setzt erst langsam im 18. Jh. während der Aufklärung ein, bemerkenswerterweise zuerst weniger bei Historikern als bei Schriftstellern und Philosophen.

## I.

Woraus ist die offensichtliche Vernachlässigung der Geschichte Europas, verstanden nicht als Ersatzbegriff für Weltgeschichte, sondern als Geschichte des europäischen Kontinents und seiner politischen Einheiten, zu erklären? Es scheinen mir im wesentlichen drei Gründe zu sein: 1. die Schwierigkeit

[1] Im Vorwort zu O. Halecki, Europa. Grenzen und Gliederung seiner Geschichte (engl. 1950, dt. 1957), in der dt. Ausgabe S. VII.

der Definition des Begriffs Europa, 2. die Schwierigkeit einer Wesensbestimmung des Europäischen, d. h. der nach außen abgrenzbaren und im Innern über alle nationalen, politischen, konfessionellen und sprachlichen Grenzen hinweg feststellbaren Elemente einer für Europa gültigen historischen Einheit, und 3. damit zusammenhängend das politische Schicksal eines Kontinents, der sich nur selten auf sich selbst gestellt sah, sondern meist mit irgendwelchen außerhalb seiner räumlichen und kulturellen Grenzen gelegenen Kulturen und Kontinenten in Auseinandersetzungen verstrickt, ihren Einflüssen ausgesetzt war oder seine Einflüsse, ja seine Macht, auf sie ausdehnte. Durch alle diese Gründe ist die Entstehung eines gemeinschaftlichen europäischen Bewußtseins außerordentlich erschwert worden. Viel deutlicher haben die Amerikaner, so zersplittert die westliche Hemisphäre in ihrer politischen und nationalen Ordnung war, in der Absetzung von der Alten Welt das Bewußtsein einer besonderen historischen Rolle entwickelt. Die Probleme beginnen also – und damit berühren wir den ersten Punkt – mit der Definition des Begriffs Europa. Was man unter Europa zu verstehen hat, ist von den Anfängen an höchst umstritten. Daß eine geographische Umschreibung nicht genügt, liegt auf der Hand, da selbst die geographischen Grenzen des Kontinents Europa, mindestens da, wo er sich nach Osten verliert, unbestimmt und vielleicht unbestimmbar sind. Es sei denn, man begnügt sich mit der vagen und doch in den Kern treffenden Definition, wie sie Paul Valéry gegeben hat: Europa sei geographisch nur eine Art Vorsprung der Alten Welt, ein westliches Anhängsel Asiens („une sorte de cap du vieux continent, un appendice occidental de l'Asie")[2]. Offen bleibt dabei, wo man den Übergang Asiens in dieses Anhängsel Europa anzusetzen hat. Viel eindeutiger ist die Alte Welt geographisch von der Neuen Welt durch die Meere des Atlantik abzugrenzen. Aber diese Grenzen lassen sich eigentlich nur in räumlicher Beziehung genau fixieren, während in jeder anderen Hinsicht die Neue Welt als eine Schöpfung der Alten, als ihre gewiß in vielen entscheidenden Punkten gewandelte und sich von ihr emanzipierende Fortsetzung anzusehen ist. Schon eine erdräumliche Betrachtung führt zu der Einsicht, daß Europa in drei Vorfelder eingespannt ist: ein eurasisches, ein atlantisches und schließlich auch noch ein mittelmeerisch-afrikanisches. Es bleibt in jedem Fall und in jedem Zeitpunkt ein Problem, ob und in welchem Grade diese Vorfelder an der europäischen Geschichte teilhaben und auf welche sich der Schwerpunkt der europäischen Geschichte verschiebt.

Der Gebrauch des Wortes Europa durch die Jahrhunderte hindurch seit der Antike läßt nun aber erkennen, daß Europa zu keiner Zeit nur ein geogra-

---

[2] P. Valéry, La crise de l'esprit, in: Œuvres, Bd. I (1962) S. 1004.

phischer Begriff gewesen ist und daß schon seine Entstehungsgeschichte auf
die Verbindung mit anderen Elementen: kulturellen, religiösen, politischen,
hinweist. So stellt Eugen Rosenstock eine „eigentümliche Mischbedeutung von
Geographie und Geist" fest und erst später eine allmähliche Abschüttelung
aller Beisätze, „so daß nur die europäische Landkarteneinheit übrig bleibt",
was als „eine letzte Verfallserscheinung am Ende der Neuzeit" erscheine [3].
Jedoch bestätigt sich diese These in ihrer letzten Konsequenz nicht: Gerade
in der neuesten Zeit ruft der Name Europa Assoziationen ganz anderer Art
als nur geographische hervor. Das läßt sich negativ an dem „gemeinsamen
Haß", der Europa von außen gesehen unleugbar und in vielen Dokumenten
nachweislich entgegenschlägt, erkennen [4]. In ihm trifft man auf Reaktionen
gegenüber einem gemeinsamen zivilisatorischen und politischen Anspruch,
wie er zuletzt die Grundlage der europäischen Ausbreitung über die Welt,
des europäischen Kolonialismus und Imperialismus, gewesen ist. Es kann
schon daran als eine Voraussetzung jeder Beschäftigung mit europäischer
Geschichte abgelesen werden, daß der Gegenstand dieser Beschäftigung, nämlich Europa, kein mit sich selbst identischer Begriff zu allen Zeiten gewesen
ist, sondern in seiner inneren Substanz wie in seiner räumlichen Ausdehnung
ständigen Wandlungen unterlag. Wie diese im einzelnen beschaffen waren,
darüber allerdings besteht kaum eine einhellige Meinung. Selbst die Frage, ob
die Antike als ein Teil der europäischen Geschichte betrachtet werden kann,
ist umstritten; als sicher gilt nur, daß sie als eines der Fundamente Europas
neben dem Christentum und den in der Zeit der großen Völkerbewegungen
in die europäischen Zentralgebiete einströmenden Völkern, vor allem den ger-
manischen, anzusehen ist. Sicher ist auch, daß viele soziale, kulturelle und politische Einrichtungen und Formen der Spätantike in die europäische Geschichte des frühen Mittelalters übernommen und verschmolzen mit jüngeren
Bildungen wurden und daß fast alle Anläufe zu der nie erreichten politischen
Einheit Europas vom Erbe des Römischen Reiches zehren. Das gilt von der
fränkischen Großreichsbildung Karls des Großen bis zum Empire Napoleons.

## II.

Freilich taucht hier ein entscheidendes Problem auf: Der bestimmende Grund-
zug der europäischen Geschichte ist nicht die politische Einheit, sondern eine
in ihren Formen wechselnde Vielheit geworden. Ginge eine Darstellung der

---

[3] E. Rosenstock, Europäische Revolutionen und der Charakter der Nationen (1931, ²1961)
Seite 36.
[4] So D. de Rougemont, in: M. Beloff, Europa und die Europäer. Eine internationale Diskussion (engl. 1957, dt. 1959) dt. Ausgabe S. 15.

europäischen Geschichte grundsätzlich von dem Prinzip der politischen Einheit aus, könnte sie nur als eine Kette von Versäumnissen, Fehlschlägen, Konflikten und Katastrophen aufgefaßt werden. Man muß ihr vielmehr geradezu als grundsätzliches Wesenselement die Tendenz zur politischen Differenzierung zugrunde legen, die auf weiten Gebieten, so vor allem auf denen der sich immer weiter auseinanderentwickelnden Sprachen, auch eine geistige Differenzierung bei relativ gleichbleibender sozialer Struktur gewesen ist. Politische Einheit im Sinne einer universalen, ganz Europa zusammenfassenden Reichsbildung hat es niemals, auch nicht in der Zeit der Karolingischen Reichsschöpfung gegeben, aus der weite, zum Römischen Reich gehörende Gebiete wie England, Spanien und Süditalien ausgeschlossen blieben. So ist die vor allem von dem englischen Historiker Christopher Dawson aufgestellte These [5], Grundlage und Ausgangspunkt der ganzen Entwicklung der mittelalterlich-christlichen Kultur sei das Karolingische Reich gewesen, von einem anderen englischen Historiker entschieden bestritten worden: Geoffrey Baraclough hat ihr entgegengehalten [6], daß das Karolingische Reich nicht einen Anfang, sondern das Ende darstelle, und daß erst das Karolingische Reich zusammenbrechen mußte, damit Europa werden konnte. Die karolingische Großreichspolitik sei also kein Vorläufer der europäischen Einheit gewesen, und erst in der nachkarolingischen Zeit trete die Vielfalt Europas als ein Wesensmerkmal der europäischen Gesellschaft hervor. Doch läßt sich dieser Widerspruch auflösen: Es ist richtig, die europäische Geschichte als eine Geschichte zunehmender politischer Differenzierung und Partikularisierung mit der Teilung des Frankenreiches beginnen zu lassen. Aber dadurch wird die Leistung des Karolingischen Reiches nicht widerlegt, Anhaltspunkt und Ausgangspunkt einer gesamteuropäischen, christlich bestimmten Kultur gewesen zu sein.

Daß schließlich in der historischen Wirklichkeit nicht das Imperium, sondern das Sacerdotium, das Papsttum, als Zentrum der römischen Kirche die wichtigste universale Institution des europäischen Mittelalters geworden ist, hat sich dann spätestens seit dem Ausgang des Investiturstreits, den Kreuzzügen und den gesamteuropäischen monastischen Bewegungen entschieden. Die Kirche ist eine besondere, für das Christentum eigentümliche Form institutionalisierter oder, wie man gesagt hat, politischer Religiosität, wie sie die anderen Weltreligionen – Buddhismus, Islam – in dieser Form nicht kennen. Freilich wirft eine solche, an der römischen Kirche orientierte „abend-

---

[5] Ch. Dawson, The Making of Europe. An Introduction of European Unity (1933, dt. 1950), in der dt. Ausgabe S. 276 ff.

[6] G. Barraclough, Die Einheit Europas als Gedanke und Tat (engl. 1963, dt. 1964) dt. Ausgabe S. 14 f.

ländische" Deutung der europäischen Einheit die Frage auf, ob unter solchen Voraussetzungen der ganze von der Ostkirche beherrschte Raum nach dem im 11. Jh. endgültig vollzogenen Bruch mit Rom zu Europa im mittelalterlichen Sinne gerechnet werden kann. Die Antwort darauf wird nicht leichter durch die Tatsache, daß jahrhundertelang ein doppeltes Kaisertum: das römisch-abendländische und das byzantinische, in ständiger Rivalität, in offenem Konflikt und in Versuchen einer engeren Verbindung nebeneinander bestanden. Die Herkunft aus gemeinsamen Ursprüngen, bei allen Unterschieden fortbestehende gemeinsame Glaubenselemente können die grundlegenden Differenzen nicht aufheben, wie sie in der Gegensätzlichkeit des päpstlichen Primats und der autokephalen Kirchenordnung des Ostens, außerdem in den Unterschieden immer weiter sich entfernender theologischer und liturgischer Auffassungen bestehen. So muß man wohl von einem besonderen abendländisch-europäischen Kulturkreis, der sich vom griechisch-byzantinischen und damit auch slawisch-orthodoxen unterscheidet, ausgehen, aber trotzdem von einer höheren Einheit beider, der beide Teile immer zustrebten. Zwischen beiden besteht durch die Jahrhunderte und ihren Wandel der Lebens- und Denksysteme ein andauerndes Spannungsverhältnis, das ständig zwischen Entfernung und Annäherung hin- und hergeht. Nach dem Verlust von Byzanz an die Osmanen überträgt sich dieses Verhältnis auf Rußland und Europa: Der Osten erhebt in den panslawistischen Ideen den Anspruch auf die Erneuerung des Westens aus seinem überlegenen und unverbrauchten Geist, während die zivilisatorische Entwicklung Rußlands unter Peter d. Gr. und Lenin im Zeichen westeuropäischer Vorbilder steht. Der russische Sowjetstaat ist eine Herausforderung des Westens, aber seine ideologischen Grundlagen wie der gesamte Marxismus sind eindeutig westlich.

Es sind nicht sehr viele im spezifischen Sinne als europäisch auzusprechende Institutionen und Tendenzen, die sich feststellen lassen: wohl sicher das abendländische Mönchtum und auf der anderen Seite das Rittertum als zwei besondere Formen einer gesamteuropäischen Kulturgemeinschaft, eines „Kultureuropa" im Mittelalter, die sich ihre Institutionen in Gestalt der in Wandlung begriffenen römischen Kirche und im Feudalsystem geschaffen haben. Der Feudalismus hat im Lehnswesen seine europäische Sonderform gefunden, wenn dieses auch nicht in allen nationalen Regionen Europas gleiche Geltung hatte. Damit sind die spezifisch europäischen Institutionen der Frühzeit im wesentlichen erschöpft, und erst in den späteren Jahrhunderten haben sich neuartige Phänomene entwickelt, die, wenn auch nur mit gebotener Vorsicht, als für Europa allein charakteristisch angesehen werden können.

Auch hier muß zuerst eine kulturelle Erscheinung von größter weltgeschichtlicher Bedeutung genannt werden: die Geburt der europäischen Wis-

senschaft und der aus ihr hervorgegangenen technischen Zivilisation. Diese
ist noch in voller Entwicklung, sie hat das Leben der Menschheit von Grund
auf verändert. Ihre Entstehung vollzieht sich in einem langen Prozeß, dessen
Anfänge bis ins ausgehende Mittelalter und die beginnende Neuzeit zurück-
zuverfolgen sind. Daß die Wurzeln des Rationalismus des Okzidents (Max
Weber) nicht einfach in der Negation der auf Transzendenz gerichteten Re-
ligion des Christentums und im Protest gegen sie liegen können, ist oft be-
tont worden. Vielmehr müssen Säkularisierung, Aufklärung, mechanistisch-
naturwissenschaftliches Denken ihren Ursprung auch in den religiösen Grundlagen haben, die das Christentum geschaffen hat. Die Ableitungen, die hier
vorgenommen werden, sind verschiedenartig, sie gehen aber alle davon aus,
daß der wissenschaftliche Rationalismus auf der Suche nach der Wirklichkeit
der Dinge und der Welt ein Stück religiöses Bemühen enthält; ähnliches hat
Max Weber bekanntlich auch für den ökonomischen Rationalismus festge-
stellt. Neuerdings hat neben anderen Werner Heisenberg in einer Rede über
das Verhältnis von naturwissenschaftlicher und religiöser Wahrheit darauf
aufmerksam gemacht [7]. Die von Descartes begründete Theorie der Wissenschaft, so wurde gesagt, werde die Funktion übernehmen, die bis dahin das
Dogma der Kirche ausgeübt hatte, nämlich die einer allgemein-geistigen
Existenzsicherung [8]. Warum keine der anderen Hochkulturen der Weltgeschichte, so nahe sie zuweilen ähnlichen Ergebnissen gekommen sein mögen,
den wissenschaftlichen Rationalismus zur Grundlage des Weltverständnisses
und der Weltgestaltung gemacht hat, kann nur aus den besonderen Bedin-
gungen der europäischen Geschichte erklärt werden, zu denen u. a. auch das
Vorhandensein einer großen und prosperierenden Mittelschicht gerechnet
werden muß.

## III.

Die Dreiheit: europäische Wissenschaft, die von ihr ermöglichte technische
Zivilisation und gleichzeitig auch der moderne bürokratisch-militärische
Machtstaat, ist die wirksamste Kraft geworden, mit der Europa in die Weltgeschichte eingegriffen und dieser den Gang gewiesen hat. Sie zog die ganze
Erde in ihren Bann, auch noch in der Epoche des politischen Rückzugs Europas aus der Welt, wofür noch der Marxismus ein spätes Zeugnis ist, und sie
zeigte mehr und mehr die Tendenz, die Zentren der von ihr entwickelten
technischen Kultur aus dem Kontinent in die von Europa her kolonisierte

[7] W. Heisenberg, Naturwissenschaftliche und religiöse Wahrheit, gedruckt in: Mitteilun-
gen aus der Max Planck-Ges., Jg. 1973, Heft 2, S. 73 ff.
[8] Darüber allgemein vgl. H. Blumenberg, Die Legitimität der Neuzeit (1966).

Neue Welt zu verlagern. Wenn das „Abendland", im Sinne der mittelalterlichen Terminologie, kleiner war als Europa und den ganzen Bereich der Ostkirche nicht mit umfaßte, so greift die Western Civilisation, die westlich-atlantische Welt, über den europäischen Kontinent hinaus und umfaßt auch den größten Teil der westlichen Hemisphäre. Jede von Europa her gesehene Weltgeschichte wird diesen Vorgang der jeweiligen räumlichen und geistigen Schrumpfung oder Ausbreitung in den einzelnen Jahrhunderten im Auge behalten müssen.

Eine offene Frage ist es, wieweit die mit Aufklärung, Wissenschaft und Technik in der modernen Industriegesellschaft sich ausbildenden politischen Lebensformen, so vor allem die moderne Demokratie in ihren verschiedenen Stadien und Wandlungen, ausschließlich als eine von Europa entwickelte und in Europa sich ausbildende Erscheinung angesehen werden darf. Die vergleichende Erforschung der Hochkulturen, die ihren letzten großen Antrieb durch Arnold Toynbees Study of History erhalten hat, ordnet allen Kulturen in ihren verschiedenen Entwicklungsstadien gleiche oder ähnliche politische und gesellschaftliche Lebensformen zu, wodurch die Aussonderung spezifischer europäischer Elemente wissenschaftlich erschwert wird. Es scheint jedoch klar zu sein, daß die moderne Demokratie mit ihren verschiedenen verfassungs- und gesellschaftspolitischen Varianten ein Produkt gerade der europäischen Geschichte gewesen ist; sie ist das Ergebnis der sozialen, geistigen und verfassungspolitischen Entwicklung in den europäischen Macht- und Großstaaten. Aber auch hier muß von dem weiteren Raum der westlichen Zivilisation als der von Europäern gestalteten Welt ausgegangen werden, da entscheidende Merkmale des demokratischen Systems, wie das Gleichheitsprinzip als Antwort auf die ständisch gegliederte alteuropäische Gesellschaft, von der amerikanischen Kolonialgesellschaft ihren Anfang genommen haben, wie Tocquevilles berühmtes Werk über die Demokratie in Amerika zuerst offenkundig gemacht hat. Einheitliche politische und gesellschaftliche Ordnungssysteme ohne jede Ausnahme hat es im übrigen weder im älteren noch im modernen Europa bis in unsere Tage gegeben: Neben der parlamentarischen Demokratie stehen konstitutionell-monarchische Systeme und neuartige Diktaturformen, neben dem absoluten Fürstenstaat ständische Verfassungsordnungen oder Mischformen aus beiden. Heute stehen wir vor der Tatsache, daß die Grenzen zweier sich über die ganze Welt erstreckender, beide ideologisch in Europa wurzelnder, sich als absolute Gegensätze verstehender Staats- und Gesellschaftsordnungen mitten durch Europa verlaufen.

Wenn etwas als europäisch anzusprechen ist, ist es die Begründung politischer Herrschaft aus dem Prinzip der Nation oder Nationalität. Von Europa aus hat dieses Prinzip die Welt erobert, so verschiedenartig die Gebilde sind, die in den verschiedenen Teilen der Welt unter Nation begriffen werden. Die Demokratie nahm nationale Züge an, ebenso wie es vor ihr die Monarchie und in einigen Ländern auch die Aristokratie getan hatte, wenn auch diese im allgemeinen ihren Charakter aus dem übernationalen Zusammenhalt einer gemein-europäischen Oberschicht erhielt. Der nationale Staat, wie er sich vor allem im 19. Jh. in Europa gebildet hat, ist nun nicht erst ein Ergebnis der modernen Geschichte seit der demokratischen und der industriellen Revolution in Gesamteuropa. Er steht vielmehr am Ende eines seit Jahrhunderten andauernden Differenzierungsprozesses, der schon in der Zeit der ritterlichen Kultur beginnt und in Renaissance und Humanismus als einer frühbürgerlichen Kulturepoche eine erste geistige Rechtfertigung erfährt. Eugen Rosenstock hat sogar die ganze europäische Geschichte als die Folge von Revolutionen verstehen wollen, die die „Prägestunden" der europäischen Nationen gewesen seien. Die Entfaltung nationaler Volkssprachen zu Kultursprachen, wie sie in der großen humanistischen Literatur Italiens beginnt, führt schließlich zur bewußten Pflege auch staatlich sanktionierter Hochsprachen, wie zuerst im Frankreich Richelieus und Ludwigs XIV. Die nationale Sprachbewegung, die Wiederentdeckung und Wiederbelebung abgesunkener und vergessener Sprachen, wird ein Motor der nationalen politischen Bewegungen bis ins 19. Jh. hinein und bedient sich der Mittel staatlichen Zwangs durch die Schule und der Bindung gesellschaftlichen Aufstiegs an die sprachliche Assimilation. Die nationale Sprache, die von den großen Sprachphilosophen, wie Herder und Wilhelm von Humboldt, als eine Öffnung der geistigen Welt für den Menschen gefeiert wurde, wird am Ende eine ungewollte Form der Ausschließung vieler kleiner Völker von den großen gemeinsamen Kulturtraditionen Europas. Die Geltung nationaler Sprachen wird an staatliche Territorien gebunden und dadurch die für Europa charakteristische Verbindung von Nationalstaat und Nationalsprache hergestellt, die in dieser Form ein fast einmaliges Phänomen der Weltgeschichte darstellt. Ausnahmen bleiben auch hier bestehen, doch sind sie nach dem Untergang multinationaler Großstaaten, nach den großen Verpflanzungen und Vertreibungen nationaler Minderheiten im heutigen Europa selten geworden. Im Unterschied zur westlichen Hemisphäre bleiben aber der europäische Geist und die europäische Gesellschaft bis zum heutigen Tage vielsprachig, wenn auch innerstaatliche sprachliche Konflikte sich nur noch in einigen Regionen erhalten haben.

## IV.

Die europäische Kultureinheit, die sich im Austausch von Ideen, Literaturen und technischen Fortschritten manifestiert, wird daher oft verdunkelt durch die Sprachenzersplitterung, um so mehr als diese seit dem 19. Jh. die Grundlage von Staatsgründungen und politischen Systemen bilden sollte. Die politische Zersplitterung Europas, die damit im Zusammenhang steht, ist aber niemals als ein unabwendbares und unumstößliches Faktum hingenommen worden. Die Idee eines politisch geeinten Gesamteuropa wurde vielmehr zwischen dem 13. und 20. Jh. in verschiedener Gestalt immer wieder neu publizistisch und literarisch vertreten, von Dantes Schrift De Monarchia bis zu den Paneuropa-Ideen des Coudenhove-Kalergi. Das Wort von den Vereinigten Staaten von Europa hat wohl zuerst Victor Hugo im Jahre 1849 auf dem ersten großen internationalen Friedenskongreß in Paris ausgesprochen. Der darin liegende positive Gehalt wird von der demokratischen bürgerlichen Linken (Mazzini) und von der sozialistischen Arbeiterbewegung, namentlich ihren syndikalistischen Richtungen mit ihren föderalistischen Prinzipien (Proudhon), weiterentwickelt, während der Internationalismus von Marx und Engels eher über die Vollendung der nationalstaatlichen Bewegungen die Befreiung des Proletariats durch die Weltrevolution heraufführen wollte.

Der Gedanke eines europäischen Zusammenschlusses behielt aber immer etwas Spekulatives und ist nie zu einer große Massen erfassenden Bewegung geworden. Er erfüllt sich erst nach den Erfahrungen der beiden Weltkriege, deren Schauplatz das zersplitterte und zerstrittene Europa gewesen ist, mit realerem Gehalt und fand in der Resistance stärkeren Anhang, bis dann nach dem Zweiten Weltkrieg von einer Europa-Bewegung im eigentlichen Sinne gesprochen werden konnte. Damit sind wir in die Nähe des dritten, vorhin aufgezeigten Grundes für die Frage gekommen, worin die Erschwerungen für die Entstehung eines europäischen Bewußtseins zu suchen sind. Es ist die Tatsache der eigentümlichen politischen Stellung Europas, die nicht auf Isolierung, Abgrenzung, sondern auf Verflechtung und Abhängigkeit, Einflußnahme und Ausdehnung beruht. So schwankten in den Jahrhunderten vom frühen Mittelalter bis zum Ersten Weltkrieg die Grenzen Europas zwischen Elbe und Ural, wenn man diese künstliche Linie nennen soll; legt man die russische Siedlungs- und Machtexpansion zugrunde, muß man bis Sibirien und Turkestan ausgreifen; im Südosten entspricht dem der Raum zwischen Enns und Adrianopel. Aus den Weiten des Ostens kamen die zum Teil für Europa lebensbedrohenden Vorstöße der Ungarn, Mongolen und Türken. An der Südfront, im Mittelmeerraum, beherrschten die Araber jahrhundertelang nicht nur die gesamte afrikanische Gegenküste, sondern zu Zeiten Sizilien und bis zum Ende der Reconquista so gut wie die gesamte iberische Halbinsel. Die machtmäßige Festsetzung der Europäer an den nordafrikanischen Küsten ist demgegenüber ein kurzes Zwischenspiel im 19. und in der ersten Hälfte des 20. Jh.

Die klare geographische Begrenzung des kontinentalen und insularen Europa im Westen durch den Atlantik setzt der Ausbreitung der westlichen europäischen Staaten von Portugal über Spanien, Frankreich bis England kein Ziel, so daß ein Europa der Neuen Welt entsteht, das sich erst nach einigen Jahrhunderten politisch selbständig macht. Als in den Jahren vor dem Ersten Weltkrieg so gut wie der gesamte Globus entweder unter unmittelbarer europäischer Herrschaft steht oder wie das Osmanische Reich und China von europäischem Einfluß und Kapital völlig durchdrungen ist, steht, wenn auch in einem transitorischen Sinne, die Herrschaft Europas über die ganze Welt auf dem Zenit. Aber auf dem Höhepunkt der „Weltgeschichte Europas", dieses für die Geschichte der Menschheit als einer Einheit folgenreichsten Vorgangs, ist schon die Wende eingetreten: Die neuen außereuropäischen Großmächte der Welt, die USA und Japan, sind wohl Fortgestalter der europäischen Zivilisation; aber die USA beginnen, vergleichbar der Rolle des jonischen Kleinasiens, die Führung für diese Zivilisation zu übernehmen.

Der Vergleich mit dem Griechentum liegt auch insofern nahe, als sich die Verteidigung Europas gegen fremde Invasionen und schließlich die Ausbreitung der Europäer über die Erde niemals im Namen und Zeichen eines einheitlichen Europa, sondern immer im Antagonismus seiner einzelnen Völker und Staaten vollzogen hat. Mag sich der europäische Imperialismus und Kolonialismus von außen, von seinen Gegnern und Opfern, als das Werk „der" Europäer ansehen lassen, tatsächlich war er das Ergebnis einer im ständigen Gegensatz, im Antagonismus der europäischen Rivalen sich abspielenden Politik. Die Abwehr der Ungarn im 10. Jh. hat nur die deutschen Stämme geeint und die Voraussetzung für die Restauration des Reiches geschaffen. Der Kampf gegen die zweimal bis Wien vordringenden Türken, der noch am ehesten eine christlich-europäische Solidarität zu schaffen imstande war, wurde im 16. Jh. von den großen konfessionellen Konflikten gehemmt, im 17. Jh. durch den Machtkampf zwischen dem Hause Habsburg und dem Frankreich Ludwigs XIV., der sich nicht scheute, mit den Türken zu paktieren. Immerhin ging jetzt noch einmal vom Papsttum eine Initiative für den Türkenkampf aus – ein letzter Ausdruck der Gesinnung eines christlichen Europa. Von einem Aufbruch des Willens eines gemeinschaftlichen Europa wird man aber auch jetzt nicht sprechen können, noch weniger von der Entwicklung gemeinsamer Institutionen. Das Prinzip vom „Gleichgewicht der

Macht", der balance of power, ist nicht in der Auseinandersetzung mit nichteuropäischen Kräften, sondern als ein innereuropäisches Ordnungsprinzip einer führenden Gruppe von Staaten gegen den Hegemonieanspruch einer einzigen Macht um die Wende vom 17. zum 18. Jh. entstanden. Diese führende Gruppe, die europäische Pentarchie, seit dem 18. Jh. bestehend aus Frankreich, England, Österreich, Preußen und Rußland, entschied im Namen der „europäischen Konvenienz" über das Schicksal der kleineren Mächte und suchte im Auftrag des „europäischen Konzerts" ein Gleichgewicht dieser Mächte aufzurichten, das keiner einzelnen die Hegemonie anstrebenden Macht gestattete, stärker als die anderen zusammen zu sein. Als die klassische Zeit dieses Systems wird man die Zeit zwischen 1714 und 1878 ansehen können. Vorher ist die Zahl der zum Staatensystem gehörenden Mächte noch schwankend, nachher sind keine isolierten europäischen Entscheidungen mehr möglich; der Berliner Kongreß von 1878 muß als die letzte rein europäische Entscheidung über weltpolitische Fragen bezeichnet werden. Ad hoc einberufene Staatenkongresse, in der Epoche der Restauration als dauernde Institution geplant, blieben die einzige Form eines gemeinsamen, auf den Kompromiß der Machtinteressen der als souverän angesehenen Staaten und ihrer Bündnisgruppen gegründeten Handelns. Aus dem christlich-abendländischen Europa war später ein säkularisiertes Kultureuropa und schließlich ein Mächteeuropa geworden, das 1919 und endgültig 1945 untergegangen ist.

Dieses Mächteeuropa mit seinem Staatensystem war die Endform der älteren europäischen Geschichte; sie beruhte immer noch auf einem inneren Antagonismus und entbehrte fester Institutionen und Organe; auch wird man nur von einem schwach entwickelten gemeineuropäischen Bewußtsein sprechen können. Immerhin wächst im 18. Jh. die Zahl der Schriften, die ihr Ungenügen an dem System der gleichgewichtigen Macht ausdrücken und für eine allgemeine Friedensordnung eintreten, nicht zuletzt 1795 Immanuel Kant in seiner Abhandlung „Zum Ewigen Frieden". Aber alle diese Schriften setzen das europäische Staatensystem mit der allgemeinen politischen Ordnung der Welt gleich, und erst langsam beginnt sich auch in der Geschichtsschreibung eine Differenzierung Europas und der übrigen Welt anzubahnen, so am dringlichsten bei dem Göttinger Historiker Arnold H. Ludwig von Heeren in seinem „Handbuch der Geschichte des europäischen Staatensystems und seiner Colonien" von 1809. Er nimmt die europäischen „Colonien" einige Jahrzehnte nach dem Abfall der Vereinigten Staaten von Amerika von Großbritannien schon als selbständige Elemente in seine Darstellung mit hinein und bezeichnet den Übergang zu einem Weltstaatensystem als den Stoff für den Geschichtsschreiber kommender Zeiten [9]. Dies

[9] Vorrede von 1809, in: A. L. Heeren, Historische Werke Bd. 8, S. XII (1822).

geschah unter dem Eindruck des zusammengebrochenen europäischen Systems des Ancien Régime und der Öffnung des Blicks auf die ganze Welt, wie sie durch die amerikanische Revolution und den weltweiten, in der französischen Revolution seinen Gipfel erreichenden französisch-englischen Machtgegensatz herbeigeführt wurde. Es war der Moment, in dem sich zum erstenmal die Abgliederung einer selbständigen Geschichte Europas von einer Weltgeschichte im weiteren Sinne und damit auch die Markierung eines erwachenden europäischen Einheitsbewußtseins feststellen läßt. Von dem englischen Staatsmann Pitt d. J. war zuerst die Forderung ausgesprochen worden, die kollektive Verantwortlichkeit der europäischen Mächte möge zu einem „allgemeinen und zwingenden System des öffentlichen Rechts" [10] ausgestaltet werden, eine Forderung, die – ähnlich der nach dem Zweiten Weltkrieg – nur eine unvollständige und vorübergehende Erfüllung fand. Die auf dem Kongreß von Aachen 1818 beschlossene Einrichtung von Kongressen der Fürsten oder ihrer Minister, um Fragen gemeinsamen Interesses zu besprechen, war so ziemlich alles, was an europäischen Einrichtungen herauskam. Als sich diese Fürstenkongresse immer mehr im Sinne der Restauration zu einem Instrument der Erhaltung der bestehenden Macht- und Sozialordnung entwickelten und die Mächte auf das Prinzip der Intervention gegen revolutionäre Erhebungen verpflichtet werden sollten, sprang England ab. Die griechische Frage der 20er Jahre des 19. Jh. sprengte das System der Restauration endgültig, nachdem sich Rußland 1826 mit England über die Anerkennung des revolutionären griechischen Staates verständigte und damit den Kampf gegen die Revolution dem eigenen Machtinteresse opferte.

Wenn im 18. Jh. die Herrschaft der Pentarchie ein vorwiegend europäisches Machtproblem gewesen ist, so tritt bei ihrer Wiederherstellung im 19. Jh. ein ideologisches Element hinzu: Durch Staatengleichgewicht sollte auch die bestehende Sozialordnung gesichert werden. Aber es ist nicht weniger bedeutsam, daß jetzt der universale Anspruch, der mit der Regulierungsfunktion der Pentarchie verbunden ist, erschüttert ist: Die Gleichsetzung des allgemeinen und des europäischen Völkerrechts wird nicht einfach mehr hingenommen, sondern sie bleibt bis ans Ende des europäischen Staatensystems als Problem offen. Diese Unsicherheit beginnt schon am Ausgang des 18. Jh., als man beginnt, von einem natürlichen Völkerrecht ein positives zu unterscheiden, das sich auf Europa und Amerika beschränke. „Das europäische Recht wird eben durch europäische Traktate geschaffen", sollte Bismarck

---

[10] Zitat nach K. Griewank, Der Wiener Kongreß und die europäische Restauration 1814/15, ($^2$1954) S. 296.

später (1863) sagen [11]. Aber noch in dem in den 80er Jahren des 19. Jh. erschienenen Handbuch des Völkerrechts von Franz von Holtzendorff heißt es sehr anspruchsvoll: „Das Europäische Völkerrecht ist somit in der Gegenwart des Völkerrechts schlechthin das genuine Weltrecht der Kulturstaaten, die rechtliche Verkehrsordnung der in geschichtlich gewordener Kulturgemeinschaft lebenden Nationen." [12] Der dahinter stehende Anspruch, nach dem das ursprünglich auf christliche Staaten beschränkte Völkerrecht zu einem Recht der zivilisierten Staatengemeinschaft der Welt säkularisiert worden ist, war in diesem Zeitpunkt längst eine Chimäre. Das Jus publicum Europaeum hätte seinen Sinn behalten können als die Summe der in Europa und zwischen seinen Staaten geltenden Rechtsregeln; wenn es sich als Rechtsnorm für die Welt verstand, war es spätestens in dem Augenblick zum Scheitern verurteilt, in dem das europäische Staatensystem die letzten Überbleibsel seiner Rolle als Regulator der Weltpolitik preisgeben mußte.

V.

Es gehört zu den in der Weltgeschichte nicht seltenen Phänomenen, daß selbst gewaltige Veränderungen von den Zeitgenossen nicht wahrgenommen werden, sondern das politische Bewußtsein sich an obsolet gewordenen Tatsachen orientiert. So ist 1918/19 weniger die Zerstörung des alten Staatensystems und die sich daraus ergebenden Folgen als der Sieg des nationalen Selbstbestimmungsrechts als in die Zukunft weisendes Ergebnis gesehen worden. Europa fand nicht den Weg zu einer politischen Einheit, sondern in eine noch weitergehende nationale Zersplitterung und in eine Euphorie des Nationalismus, von der gleichermaßen die revisionistischen Besiegten wie Deutschland und die neuen Staaten ergriffen wurden. Nur wenige hochstehende Geister erkannten die Zeichen der Zeit wie der junge Carl Jacob Burckhardt, der 1922 an Hugo von Hofmannsthal die europäische Lage mit der Lage der Griechen nach den ersten römischen Siegen verglich: „. . . vielleicht erleben wir auch noch die Besetzung. Noch ein europäischer Bruderkrieg und es wird soweit sein, daß wir einzig noch mit unseren Miasmen die übrige Welt anstecken können. Gibt es so wenige, die die Schrift an der Wand zu lösen vermögen . . .?" [13]

Wohl sind zwischen den Weltkriegen einige Vorstöße für eine politische Einigung gemacht worden wie das Briandsche Europamemorandum von

[11] 24. Dezember 1863, in: Bismarck, Gesammelte Werke, Friedrichsruher Ausgabe XIV, Seite 660.
[12] F. v. Holtzendorff, Handbuch des Völkerrechts auf Grundlage europäischer Staatspraxis, Bd. 1 Einleitung § 3, S. 12 f. (1885).
[13] H. v. Hofmannsthal – Carl J. Burckhardt Briefwechsel (1956) S. 92 f.

1930, das, wenn es auch nicht vom Standpunkt der französischen Politik uneigennützig war, doch zum erstenmal das Europaproblem zu einer Frage der offiziellen Politik für alle europäischen Staaten erhoben hat. Die Gründe des Scheiterns ausführlicher zu erörtern, ist hier nicht der Ort. Es kann nur gesagt werden, daß die Existenz des Völkerbundes als einer ihrer Idee nach universalen Staatenorganisation die Einrichtung regionaler Organisationen erschwert hat; auf die Unvereinbarkeit neuer europäischer Institutionen mit der Völkerbundsatzung wurde vor allem in der britischen Antwort auf das Briand-Memorandum verwiesen. Erst als der Versuch einer auf Gewalt und Unterdrückung und nationalistischer Hybris gegründeten Einigung Europas den Kontinent in einen alles Bisherige in den Schatten stellenden europäischen Bruderkrieg und zugleich Weltkrieg gestürzt hatte, schien die Stunde für eine europäische Politik im wahren Sinne des Wortes gekommen, nachdem die überkommene nationale Struktur ohnedies durch die Aufhebung traditioneller Grenzen und die unfreiwillige Verpflanzung von Millionen europäischer Menschen ihr Ende gefunden zu haben schien. Die Forderung nach einer föderativen Neuordnung Europas war schon während des Krieges an mehreren Stellen, vor allem in den verschiedenen nationalen Widerstandsbewegungen, aufgetaucht; politisch bedeutsam wurde sie, als der Führer der britischen Opposition, Winston Churchill, in seiner Züricher Rede vom 19. September 1946 ein uneingeschränktes Plädoyer für die „Vereinigten Staaten von Europa" hielt und als ersten Schritt dahin die Bildung eines Europarats bezeichnete: „Nur so können Hunderte von Millionen schwer arbeitender Menschen die einfachen Freuden und Hoffnungen zurückgewinnen, die das Leben lebenswert machen."

Man muß sich fragen, in welchem Augenblick und unter welchen politischen Umständen diese Züricher Rede gehalten wurde. Aus zwei Gründen schienen die Möglichkeiten der vollen Erfüllung einer europäischen Union schon erheblich gemindert oder sogar verspielt: einmal wegen der unerwarteten Lebenskraft, die die befreiten und wiederhergestellten Nationalstaaten bewiesen. Das gilt für Ost und West: im Westen wohl in der Reaktion auf die beseitigte nationalsozialistische Herrschaft und im Osten, wo der formale Charakter der nationalen Souveränität der kommunistisch gewordenen Länder unvergleichlich stärker in Erscheinung trat, in der Anknüpfung an eine relativ junge, aber sehr gegenwärtige nationalstaatliche Tradition. Der zweite entscheidende Punkt in diesem Zusammenhang ist aber darin zu sehen, daß im Herbst 1946 schon mit einer lange dauernden Spaltung Europas in eine westlich-liberaldemokratische und eine östlich-kommuni-

---

[14] Text in: Dokumente zur Frage der europäischen Einigung. Hgg. im Auftrag des Auswärtigen Amtes Bd. 1 (1962) S. 113 ff.

stische Einflußsphäre gerechnet werden mußte. Da die Sowjetunion dem
Plan einer engeren europäischen Union von vornherein schärfsten Widerstand entgegensetzte, wurde im Zeichen des heraufkommenden Kalten Krieges der europäische Unionsplan unausweichlich ein Instrument innerhalb
dieser Auseinandersetzung. Diese Tendenz verstärkte sich nicht zuletzt dadurch, daß die Vereinigten Staaten von Amerika sehr offen die politische
Einigung Europas als eines der wesentlichsten Ziele ihrer Europapolitik
betrieben, ohne daß man darin von vornherein die antisowjetische Note als
dominierend ansehen muß. Es waren darin noch ganz andere Motive wirk-
sam: die Einsicht, daß die wirtschaftliche Erholung des europäischen Kontinents nicht zuletzt durch die dafür zur Verfügung gestellten amerikanischen
Mittel im nationalstaatlichen Rahmen unerreichbar war. Und schließlich
auch die Absicht, ein wiederauflebendes Deutschland einzudämmen. Hatte
man noch während des Krieges zu wenig Überlegungen angestellt, was nach
dem Sieg über das den Kontinent beherrschende Hitler-Deutschland ge-
schehen sollte, so erkannte man jetzt in Washington sehr spät die Gefahren
eines europäischen Machtvakuums. In der entscheidenden Stunde, in der die
Europäer ein gemeinschaftliches Selbstbewußtsein zu entwickeln begannen,
stellte sich heraus, daß sie weltpolitisch ihre Autonomie an die Rivalen der
Welt verloren hatten. Dies war nach 1815 noch ganz anders gewesen: Die
erst am Beginn ihres Aufstiegs stehenden USA enthielten sich in der Ära der
Monroe-Doktrin strikt einer Intervention in der Alten Welt. Rußland war
durch das kunstvolle Gleichgewichtssystem der Metternichschen Politik ein-
gedämmt und hatte zudem in Großbritannien eine ständige wachsame Kon-
trollmacht.

So entsteht jetzt nach dem Zweiten Weltkrieg das große Dilemma Europas
und jeder Geschichtsschreibung, die Europa zum Gegenstand hat: Auf der
einen Seite sind die Kassandrarufe zu hören vom „Ende der europäischen
Geschichte" [15] und von Europa, das einem Krater gleiche, dessen Kegel ein-
gefallen sind; auf der anderen Seite wird die politische Rekonstruktion Europas auf föderativer Basis, gleich wie immer man sie sich vorstellte, als rich-
tungweisend für die Konsolidierung der Welt proklamiert. Europäisch zu
sein war zugleich eine euphorische Hoffnung wie das Bewußtsein völliger
Ohnmacht und Rückständigkeit. Vor diesem Dilemma steht auch der Historiker der europäischen Geschichte, der das Lob der Überwindung des Nationalismus mit dem diskriminierenden Vorwurf des Europazentrismus teilen
muß. Nur eine genaue, unter weltpolitischem Aspekt vorgenommene Analyse
der europäischen Geschichte der Zeit nach den Weltkriegen kann aus diesem

---

[15] Am stärksten vertritt G. Barraclough diese Meinung; vgl. den Beitrag „Das Ende der
europäischen Geschichte" in: Geschichte in einer sich wandelnden Welt (dt. 1957) S. 238 ff.

Dilemma herausführen. Eine solche Analyse muß versuchen, die Struktur
Europas, wie sie sich im letzten Vierteljahrhundert entwickelt hat, als Spie-
gelbild der gegenwärtigen Weltsituation zu sehen. Als nach dem Kollaps der
NS-Herrschaft in Europa 1945 die Verhältnisse wieder überschaubar zu
werden begannen, stand folgendes fest: Europa verfügte nicht mehr autonom
über sein Schicksal, es mußte sich in den bestimmenden Gegensatz der Super-
mächte einfügen, von denen keiner die Beherrschung des ganzen Kontinents
gelungen war. So waren schon die Kriegs- und Nachkriegskonferenzen von
Erörterungen über die Aufteilung in Sicherheits- und Einflußzonen erfüllt,
von der Ostsee bis zum östlichen Mittelmeer mitten durch das gespaltene
deutsche Mitteleuropa hindurch. An den Grenzen dieser Einflußzonen ent-
zündeten sich die ersten großen Krisen: in Griechenland, Triest, Berlin und
in der Frage der Einheit Deutschlands. Diese Linien verfestigten sich, sie
wurden zementiert in militärischen Pakten wie der NATO von 1949 und
dann im Warschauer Pakt von 1955. Diese militärische, von außen aufge-
setzte Grundstruktur des Kontinents griff in ihrem Wirkungsbereich durch
die Einbeziehung nichteuropäischer Mächte wie USA und Kanada über
Europa hinaus, wenn auch beide Pakte, der NATO-Pakt allerdings unter
Einschluß Nordamerikas, Europa als einzige unter die Sicherheitsgarantie
fallende Zone nennen. Dieser äußerste Rahmen des neuen europäischen
Systems faßte militärisch zwei voneinander diametral unterschiedene Ge-
sellschafts- und Wirtschaftssysteme zusammen. Eine so tief in die geistige,
gesellschaftliche und politische Struktur eingreifende Abgrenzung, die bis
zur fast völligen Abschließung der Menschen, des Austauschs von Gedanken
und Informationen führte, hatte es bisher in der europäischen Geschichte
noch nicht gegeben. Ihre Bedeutung hat sich durch politische Normalisie-
rungstendenzen, durch innere Aufweichung innerhalb der Systeme, wie das
Ausscheiden Frankreichs unter de Gaulle aus der militärischen Integration
des Westens oder das Ausscheiden Jugoslawiens aus der politischen Integration des Ostens, durch weltpolitische Auflockerungen als Folge von Veränderungen in anderen Bereichen der Welt, wie im Fernen Osten, wesentlich
abgeschwächt, aber seine Grenzen sind bis heute geblieben, und die Super-
mächte reagierten auf Verletzungen mit äußerster Schärfe, sogar durch mili-
tärisches Eingreifen, so zuletzt die Warschauer Paktstaaten unter sowjeti-
scher Führung in der Tschechoslowakei im August 1968. Alle Entspannungs-
versuche zielten und zielen auf eine Veränderung der Funktion, nicht auf
eine Veränderung dieser Grenzen selbst; im Gegenteil, diese sollen vielmehr
vertraglich sanktioniert werden, ohne daß ihre größere Durchlässigkeit bisher
erreicht werden konnte.

Dieser weltpolitisch abgesteckte Rahmen ist auf beiden Seiten in unter-

schiedlicher Form ausgefüllt worden: Der Ostblock ließ den zu Volksdemo-
kratien umgeformten ostmitteleuropäischen Nationalstaaten eine betonte,
wenn auch im wesentlichen formale Souveränität, die durch den Interven-
tionsanspruch der Sowjetunion im Falle der Bedrohung der sozialistischen
Ordnung in einem Lande, die sog. Breschnew-Doktrin, beschränkt ist. Im
Westen vollzog sich im Zuge der Befreiung von der nationalsozialistischen
Herrschaft überall eine überraschende Restauration der Nationalstaaten, sie
sollte aber nicht als das letzte Wort verstanden werden, sondern Vorstufe
eines föderativen Zusammenschlusses sein. Wesentliche ideologische Hilfe
hat dabei die europäische Bewegung geleistet, die, aus der Widerstandsbe-
wegung herkommend, eine alle politischen Richtungen außer den Kommuni-
sten integrierende Kraft aufwies [16] und in entscheidenden Momenten An-
stöße für die praktische Politik gab. Das gilt in erster Linie für die Errich-
tung des Europarats und, allerdings schon in abgeschwächter Form, für die
Beschließung seiner Satzung. Diese umfassendste europäische Organisation
mit ihren 18, seit dem Austritt Griechenlands im Dezember 1969 17 Mitgliedern gehört zu dem Typ der Regional- oder Kontinentalorganisationen,
wie die Organisation of African Unity (OAU) und die Organization of
American States (OAS), und gleicht diesen auch in ihrer geringen Effektivi-
tät. Der Europarat geht nicht über ein Provisorium hinaus, das in ein Defini-
tivum, d. h. einen Europäischen Bundespakt zu entwickeln, sehr bald vor
allem am englischen Widerstand scheiterte. Er besitzt nur schwache Organe
und keinerlei wirksame Exekutive. Fragen der nationalen Verteidigung werden in der Satzung ausdrücklich als nicht zur Zuständigkeit des Rates ge-
hörend bezeichnet, die Außenpolitik wird in der Satzung nicht berührt. Erst
1957 wurde ein Abkommen zur friedlichen Streitschlichtung unter den Mitgliedern mit einer genauen Verfahrensordnung beschlossen. So ist eine hu-
manitär-rechtliche Entscheidung, die Europäische Konvention zum Schutze
der Menschenrechte und Grundfreiheiten von 1955, wohl die wichtigste
Schöpfung des Europarats geblieben, historisch gesehen das liberal-demokra-
tische Gegenstück, wenn man so will, zur Heiligen Allianz, aber ohne Exekutive und nur mit einem richterlichen Organ ausgestattet, dem Europäischen
Gerichtshof für Menschenrechte. Der erhoffte Durchbruch zu neuen föderativen Formen, der Überwindung nationalstaatlichen Partikularismus' aber ist
auf dem Kontinent, der das Mutterland der Nationalstaaten in der modernen
Welt geworden ist, nicht erzielt worden. Nicht einmal eine Einigung über
die Zielvorstellungen, die von einer auf direkten Wahlen in allen Ländern
beruhenden Bundesgewalt bis zur losen Verbindung in einem „Europa der

---

[16] Belege in W. Lipgens, Europa-Föderationspläne der Widerstandsbewegungen 1940–1945
    (1968).

Vaterländer" reichten, ist in der gesamten Nachkriegsgeschichte erreicht worden. Trotzdem ist der Europarat auch als Torso weitergehender Pläne diejenige europäische Organisation geblieben, die die größte Zahl europäischer Staaten in der bisherigen Geschichte, einschließlich der neutralen, zusammenfaßt und für den Anschluß weiterer auch nach dem kommunistischen Osten hin offenbleibt, in dem keine vergleichbare Organisation existiert.

In seiner Wirkungskraft und politischen Bedeutung ist er inzwischen durch die von wirtschaftlichen Zielsetzungen ausgehenden Europäischen Gemeinschaften weit überflügelt worden. Ihre Entstehung gehört einer zweiten Phase der europäischen Nachkriegspolitik an, die schon im Zeichen weniger ideologischer als praktisch-wirtschaftlicher Bedürfnisse stand. Aus mehreren Vorstufen erwuchs durch die Römischen Verträge von 1957 die Europäische Wirtschaftsgemeinschaft zunächst der Staaten der Sechsergemeinschaft, die zehn Jahre später mit Euratom und Montanunion zur Organisation der Europäischen Gemeinschaften zusammengefaßt wurden und der seit 1973 Großbritannien, Dänemark und Irland angehören. Die Probleme und die Problematik dieser Organisation liegen auf der Hand, sie brauchen hier nicht ausgebreitet zu werden. Dazu gehören die inneren wirtschaftlichen, besonders währungspolitischen und agrarwirtschaftlichen Verzerrungen, die zum großen Teil Spiegelungen eines fortdauernden nationalen Egoismus sind; so die zuerst unbemerkte Verwandlung eines Zollunionsverbandes, der die Binnenzölle beseitigt, in einen gewaltigen Wirtschaftsblock, der nach außen sich protektionistisch abschließt. Dazu kommen die Mängel einer bürokratischen Mammutorganisation, die nur eine schwache parlamentarische Kontrolle im Europäischen Parlament besitzt und wenig in einem gemeinsamen europäischen Bewußtsein verankert ist. Weltpolitisch fällt für den heutigen und sicher auch zukünftigen Historiker vor allem ins Gewicht, daß diese in vielem brüchige Institution nach außen die stärkste Repräsentation Europas in der Welt geworden ist, von der eine hohe Anziehungskraft nach West und Ost, insbesondere auf die zum Teil assoziierten Entwicklungsländer ausgeht. Die Wirtschaftskraft des westlichen Europas tritt hier als ein selbständiger Faktor in Erscheinung: Die USA sehen sich einem wirtschaftlichen Rivalen gegenüber, der aber paradoxerweise politisch und militärisch nicht auf eigenen Füßen stehen kann und auf ihre Hilfe angewiesen ist. Auf den verschiedenen Stufen der europäischen Entwicklung ist jetzt nach Kultureuropa und Mächteeuropa Wirtschaftseuropa getreten. Aber dieses und die Diskussion über Agrarpreise und Währungsparitäten kann nicht das letzte Wort über Europa sein. Der Auftrag, eine Europäische Union zu schaffen, ist jetzt an die stärkste europäische Institution gefallen, sie kann sich ihm nicht entziehen.

Die Gipfelkonferenz der Mitgliedstaaten von Paris 1972 hat ihn ausdrücklich bestätigt. Der Schritt von der Zollunion zur politischen Gemeinschaft ist aber ebensowenig wie dies beim Übergang vom Deutschen Zollverein zum Deutschen Reich gewesen war eine Art von Automatismus, sondern er bedarf der politischen und moralischen Entscheidungen, bei denen der Ausbau eines europäischen Parlaments und die Beseitigung des „Defizits an Demokratie" (R. Dahrendorf) [17] die ersten sein müssen. Darauf hatte unter den Europäern der ersten Stunde schon in den Anfängen der Europapolitik Robert Schuman hingewiesen; von ihm stammt das Wort: „Europa läßt sich nicht mit einem Schlag herstellen und auch nicht durch eine einfache Zusammenfassung. Es wird durch konkrete Tatsachen entstehen, die zunächst eine Solidarität der Tat schaffen." Dieser Weg eines „funktionellen" Aufbaus ist seither trotz aller Rückschläge die große Hoffnung geblieben. Nicht die Herstellung eines Bundesstaats auf dem Wege konstitutioneller Neuordnung, sondern „Entflechtung der Staatlichkeit", Unterwanderung der bisher von den Nationalstaaten wahrgenommenen Funktionen wird von den Vertretern dieser funktionalistischen Politik gefordert. „Die Funktionalisten verschiedener Schattierungen", lesen wir in dem Standardwerk über das Europäische Gemeinschaftsrecht von Hans Peter Ipsen, „erkennen ... in der graduellen Supranationalisierung bislang staatlicher Einzelfunktionen öffentlicher Bedürfnisbefriedigung eine ohne staatliche Neuformierung adäquate Integrationsmethode." [18] Es ist fraglich, ob diese in den vergangenen Jahren nur zu provisorischen Lösungen führende Methode ausreicht. Es bedarf wohl grundsätzlicher politischer und nicht nur pragmatischer Entscheidungen, um zu dem Endziel einer west- und mitteleuropäischen Union zu gelangen. Gelingt es, den Weg dahin in Etappen und sicher in nicht kurzen Fristen zu gehen, so wäre die seit dem Zweiten Weltkrieg bestehende fast chaotische Unordnung wenigstens im größeren Teil des Kontinents bereinigt; bestehen bliebe immer noch der Antagonismus zweier Systeme, wie er sich heute noch in einer wenn auch abgeschwächten Form darstellt. Es bleiben nebeneinander NATO und Warschauer Pakt; Europäische Gemeinschaft sowie der Rest der ihr nicht angeschlossenen EFTA-Staaten und ihr weniger effektives östliches Gegenstück COMECON; Europarat und bilaterale Verknüpfungen der Ostblockländer mit der Sowjetunion, dazwischen Staaten mit Neutralitätsstatus wie Österreich und die Schweiz, bei einer überall hindurchschimmernden nationalstaatlichen Grundstruktur und bei der Verlagerung der politischen Schwerpunkte aus Europa heraus. Dieser Struktur liegt ein durchgehender Dualismus mit starkem pluralistischen Einschlag zugrunde, und sie hat einige

[17] R. Dahrendorf, Plädoyer für die Europäische Union (1973).
[18] H. P. Ipsen, Europäisches Gemeinschaftsrecht (1972) S. 981.

Ähnlichkeit mit dem 17. Jh. der europäischen Geschichte. Sie trägt alle Kennzeichen eines Übergangs, aber nur mit Vorsicht wird man es wagen können zu sagen, daß es schon der unmittelbare Übergang zu gesamteuropäischer Einheit, zu einer Überwindung vor allem des Gegensatzes von Ost und West, aber auch der fortdauernden nationalen Rivalitäten, der ökonomischen Konkurrenz mit den Industriestaaten USA und Japan, zu einem Fortschritt auf dem Wege der Ausgleichung des für die Menschheit lebensbedrohenden Unterschieds des Lebensstandards zwischen den reichen Industrievölkern und den armen Entwicklungsländern ist. Dieser Katalog der Gegensätze zeigt die Fülle der Aufgaben, die für das Europa im Übergang die vordringlichsten sind.

In einem ist sich die europäische Geschichte durch alle ihre Metamorphosen gleich: Sie weitet sich immer über ihre Grenzen hinaus. Auch jetzt, da Europa seine Weltmachtstellung verloren und die Weltgeschichte Europas zu Ende gegangen ist, ist Europa, auf sich selbst als Region zurückgeworfen, doch ein unentbehrlicher Bestandteil der Welt geblieben und mit dieser Welt in allen Richtungen verknüpft. Seine Rolle geht weit über die Vorstellungen hinaus, die auf dem Tiefpunkt von 1945 geahnt werden konnten, als ihm Karl Jaspers nur noch die Pflege der „Heiligen Stätten des Abendlandes" als Aufgabe zuweisen wollte [19]. Aber dieses Europa hat auch jetzt noch nicht zu einer vollen Identität mit sich, zu einer eigenen politischen Form gefunden, so wenig wie jemals zuvor in seiner Geschichte. Europa bleibt immer eine Frage, auf die zu verschiedenen Zeiten die Antworten verschieden lauten. Die Antwort von heute läßt sich in die Forderung zusammenfassen, daß die bisher nie erreichte europäische Einheit in welcher Form auch immer in diesem Jahrhundert zu schaffen ist.

[19] K. Jaspers, Vom europäischen Geist, in: Rechenschaft und Ausblick (²1958) S. 304 ff. Das Zitat lautet wörtlich: „Europa ist auf dem Wege, einen Ort einzunehmen wie Griechenland im orbis terrarum der Antike. Es birgt die heiligen Stätten des Abendlandes, wie es andere heilige Stätten in China und Indien für die asiatische Welt gibt. Noch in wachsender Ohnmacht bewahren wir diese Kleinodien, noch in Ruinen den Ursprung des Abendlandes." Den Nachweis dieser Stelle verdanke ich Herrn Dr. Saner, Basel.

*Nachbemerkung*

Die hier vorgelegten Fußnoten beschränken sich ausschließlich darauf, Belege für Zitate zu geben. Auf die allgemeine Literatur über die europäische Frage wird hier nicht eingegangen. Dazu sei auf folgenden Bibliographien verwiesen.
G. A. C. Beljeaers, Bibliographie Historique de l'Intégration Européenne (1957). – G. Zellentin unter Mitarbeit von E. Y. de Koster, Bibliographie zur Europäischen Integration (²1965). – H. Pehrsson, H. Wulf, La bibliographie européenne. Elaboré par le centre européen de la culture (1965).

*Veröffentlichungen*
*der Arbeitsgemeinschaft für Forschung des Landes Nordrhein-Westfalen*
*jetzt der Rheinisch-Westfälischen Akademie der Wissenschaften*


## Neuerscheinungen 1965 bis 1973

ABHANDLUNGEN

| 38 | *Max Braubach, Bonn* | Bonner Professoren und Studenten in den Revolutionsjahren 1848/49 |
| 39 | *Henning Bock (Bearb.), Berlin* | Adolf von Hildebrand<br>Gesammelte Schriften zur Kunst |
| 40 | *Geo Widengren, Uppsala* | Der Feudalismus im alten Iran |
| 41 | *Albrecht Dible, Köln* | Homer-Probleme |
| 42 | *Frank Reuter, Erlangen* | Funkmeß. Die Entwicklung und der Einsatz des RADAR-Verfahrens in Deutschland bis zum Ende des Zweiten Weltkrieges |
| 43 | *Otto Eißfeldt †, Halle, und Karl Heinrich Rengstorf (Hrsgb.), Münster* | Briefwechsel zwischen Franz Delitzsch und Wolf Wilhelm Graf Baudissin 1866–1890 |
| 44 | *Reiner Haussherr, Bonn* | Michelangelos Kruzifixus für Vittoria Colonna. Bemerkungen zu Ikonographie und theologischer Deutung |
| 45 | *Gerd Kleinheyer, Regensburg* | Zur Rechtsgestalt von Akkusationsprozeß und peinlicher Frage im frühen 17. Jahrhundert. Ein Regensburger Anklageprozeß vor dem Reichshofrat. Anhang: Der Statt Regenspurg Peinliche Gerichtsordnung |
| 46 | *Heinrich Lausberg, Münster* | Das Sonett *Les Grenades* von Paul Valéry |
| 47 | *Jochen Schröder, Bonn* | Internationale Zuständigkeit. Entwurf eines Systems von Zuständigkeitsinteressen im zwischenstaatlichen Privatverfahrensrecht aufgrund rechtshistorischer, rechtsvergleichender und rechtspolitischer Betrachtungen |
| 48 | *Günter Stökl, Köln* | Testament und Siegel Ivans IV. |
| 49 | *Michael Weiers, Bonn* | Die Sprache der Moghol der Provinz Herat in Afghanistan |
| 51 | *Thea Buyken, Köln* | Die Constitutionen von Melfi und das Jus Francorum |

*Sonderreihe*
PAPYROLOGICA COLONIENSIA

Vol. I
*Aloys Kehl, Köln*

Der Psalmenkommentar von Tura, Quaternio IX
(Pap. Colon. Theol. 1)

Vol. II
*Erich Lüddeckens, Würzburg,*
*P. Angelicus Kropp O. P., Klausen*
*Alfred Hermann und Manfred Weber, Köln*

Demotische und
Koptische Texte

Vol. III
*Stephanie West, Oxford*

The Ptolemaic Papyri of Homer

Vol. IV
*Ursula Hagedorn und Dieter Hagedorn, Köln,*
*Louise C. Youtie und Herbert C. Youtie,*
*Ann Arbor (Hrsg.)*

Das Archiv des Petaus (P. Petaus)

## SONDERVERÖFFENTLICHUNGEN

Der Minister für Wissenschaft und
Forschung
des Landes Nordrhein-Westfalen
– Landesamt für Forschung –

Jahrbuch 1963, 1964, 1965, 1966, 1967, 1968, 1969, 1970 und
1971/72 des Landesamtes für Forschung

Verzeichnisse sämtlicher Veröffentlichungen der Arbeitsgemeinschaft
für Forschung des Landes Nordrhein-Westfalen, jetzt der
Rheinisch-Westfälischen Akademie der Wissenschaften, können beim
Westdeutschen Verlag GmbH, 567 Opladen, Ophovener Str. 1–3, angefordert werden.

GPSR Compliance
The European Union's (EU) General Product Safety Regulation (GPSR) is a set
of rules that requires consumer products to be safe and our obligations to
ensure this.

If you have any concerns about our products, you can contact us on

ProductSafety@springernature.com

In case Publisher is established outside the EU, the EU authorized
representative is:

Springer Nature Customer Service Center GmbH
Europaplatz 3
69115 Heidelberg, Germany